国家出版基金项目
NATIONAL PUBLICATION FOUNDATION

U0269626

英国国家附件

Eurocode：
结构设计基础

NA to BS EN 1990:2002+A1:2005

（包含1号国家修订案）

[英] 英国标准化协会（BSI）

欧洲结构设计标准译审委员会　**组织翻译**

吕大刚　　　**译**

武笑平　路文辉　**一审**

余顺新　**二审**

郭余庆　**三审**

人民交通出版社股份有限公司

北　京

版 权 声 明

图书在版编目(CIP)数据

英国国家附件 Eurocode:结构设计基础: NA to BS
EN 1990:2002 + A1:2005 / 英国标准化协会(BSI)组织编
写;吕大刚译. — 北京:人民交通出版社股份有限公
司, 2019.11
　　ISBN 978-7-114-15882-7

　　Ⅰ. ①英… Ⅱ. ①英… ②吕… Ⅲ. ①建筑结构—结
构设计—建筑规范—英国 Ⅳ. ①TU318

中国版本图书馆 CIP 数据核字(2019)第 228358 号

著作权合同登记号:图字01-2019-6410

Yingguo Guojia Fujian Eurocode:Jiegou Sheji Jichu
书　　名:英国国家附件　Eurocode:结构设计基础
　　　　　 NA to BS EN 1990:2002 + A1:2005
著 作 者:英国标准化协会(BSI)
译　　者:吕大刚
责任编辑:李　喆　李　瑞
责任校对:刘　芹
责任印制:刘高彤
出版发行:人民交通出版社股份有限公司
地　　址:(100011)北京市朝阳区安定门外外馆斜街 3 号
网　　址:http://www.ccpcl.com.cn
销售电话:(010)85285911
总 经 销:人民交通出版社股份有限公司发行部
经　　销:各地新华书店
印　　刷:北京虎彩文化传播有限公司
开　　本:880×1230　1/16
印　　张:2
字　　数:41 千
版　　次:2019 年 11 月　第 1 版
印　　次:2024 年 11 月　第 2 次印刷
书　　号:ISBN 978-7-114-15882-7
定　　价:40.00 元

(有印刷、装订质量问题的图书,由本公司负责调换)

出 版 说 明

包括本标准在内的欧洲结构设计标准(Eurocodes)及其英国附件、法国附件和配套设计指南的中文版,是 2018 年国家出版基金项目"欧洲结构设计标准翻译与比较研究出版工程(一期)"的成果。

在对欧洲结构设计标准及其相关文本组织翻译出版过程中,考虑到标准的特殊性、用户基础和应用程度,我们在力求翻译准确性的基础上,还遵循了一致性和有限性原则。在此,特就有关事项作如下说明:

1. 本标准中文版根据英国标准化协会(BSI)提供的英文版进行翻译,仅供参考之用,如有异议,请以原版为准。

2. 中文版的排版规则原则上遵照外文原版。

3. Eurocode(s)是个组合再造词。本标准及相关标准范围内,Eurocodes 特指一系列共 10 部欧洲标准(EN 1990 ~ EN 1999),旨在为房屋建筑和构筑物及建筑产品的设计提供通用方法;Eurocode 与某一数字连用时,特指 EN 1990 ~ EN 1999 中的某一部,例如,Eurocode 8 指 EN 1998 结构抗震设计。经专家组研究,确定 Eurocode(s)宜翻译为"欧洲结构设计标准",但为了表意明确并兼顾专业技术人员用语习惯,在正文翻译中保留 Eurocode(s)不译。

4. 书中所有的插图、表格、公式的编排以及与正文的对应关系等与外文原版保持一致。

5. 书中所有的条款序号、括号、函数符号、单位等用法,如无明显错误,与外文原版保持一致。

6. 在不影响阅读的情况下书中涉及的插图均使用英文原版插图,仅对图中文字进行必要的翻译和处理;对部分影响使用的英文原版插图进行重绘。

7. 书中涉及的人名、地名、组织机构名称以及参考文献等均保留外文原文。

特别致谢

本标准的译审由以下单位和人员完成。哈尔滨工业大学吕大刚承担了主译工作,中石化洛阳工程有限公司武笑平和路文辉、中交第二公路勘察设计研究院有限公司余顺新、中国天辰工程有限公司郭余庆承担了主审工作。他(她)们分别为本标准的翻译工作付出了大量精力。在此谨向上述单位和人员表示感谢!

欧洲结构设计标准译审委员会

欧洲结构设计标准译审委员会总体组

国家附件

NA to BS EN
1990:2002+
A1:2005

包含1号国家修订案

英国国家附件

Eurocode：
结构设计基础

ICS 91.010.30;91.080.01

本国家附件编制委员会

受建筑和土木结构工程技术委员会 B/525 委托,作用(荷载)和设计基础分委员会 B/525/1 负责本国家附件的编制工作。该分委员会由下列机构组成:

咨询工程师协会(Association of Consulting Engineers)

英国建筑钢结构协会(British Constructional Steelwork Association)

英国砌体学会(British Masonry Society)

房屋建筑研究机构(Building Research Establishment)

混凝土学会(Concrete Society)

健康与安全委员会(Health and Safety Executive)

英国高速公路管理局(Highways Agency)

土木工程师学会(Institution of Civil Engineers)

结构工程师学会(Institution of Structural Engineers)

国家房屋建筑委员会(National House Building Council)

副总理办公室(Office of the Deputy Prime Minister)

钢结构学会(Steel Construction Institute)

英国标准化协会(BSI)版权信息标明了本英国国家附件的最新发布时间。

本国家附件由英国标准政策和策略委员会于 2004 年 12 月 30 日授权发布

© BSI 2009

2004 年 12 月 第 1 版

下列与本标准工作有关的 BSI 参考文件如下:

委员会参考文件 B/525/1

征求意见稿 03/700353DC

ISBN 978 0 580 50980 3

自发布以来提出的修订

修订编号	日 期	备 注
A1	2009 年 6 月 30 日	见引言

目　次

国家附件(资料性) BS EN 1990:2002
Eurocode:结构设计基础

引言

本国家附件由负责作用(荷载)和设计基础内容的英国标准化协会(BSI)分委员会 B/252/1 编制,在英国需与 BS EN 1990:2002 + A1:2005 配合使用。

本国家附件已进行更新,以反映 2005 年对 Eurocodes 的修正。因 1 号国家修订案新增或改变的内容在正文开头和结尾用标签 Ⓐ₁ Ⓐ₁ 进行标注。

NA.1 范围

Ⓐ₁ 本国家附件给出了对应 BS EN 1990:2002 + A1:2005 下列条款的国家定义参数:

a)对应下列条款的国家定义参数适用于建(构)筑物(见 NA.2.1):

—A1.1(1)

b)对应下列条款的国家定义参数适用于建筑物(见 NA.2.2):

—A1.2.1(1) 注 2

—A1.2.2 (表 A1.1) 注

—A1.3.1(1) [表 A1.2(A) ~ 表 A1.2(C)] 注

—A1.3.1(5) 注

—A1.3.2 (表 A1.3)

—A1.4.2(2) 注

c)对应下列条款的国家定义参数适用于桥梁(见 NA.2.3):

—A2.1.1(1) 注 3

—A2.2.1(2) 注 1

——A2.2.2(1)，(3)，(4)，(6)

——A2.2.3(2)，(3)，(4)

——A2.2.4(1)，(4)

——A2.2.6(1) 注1,注2,注3

——A2.3.1(1)，(5)，(7)，(8)

——A2.3.2(1)，表A2.5 注

——A2.4.1(1) 注1,表A2.6 注2,(2) 注

——A2.4.3.2(1) 注

——A2.4.4.1(1) 注3

——A2.4.4.2.1(4)P 注

——A2.4.4.2.2 表A2.7 注

——A2.4.4.2.2(3)P 注

——A2.4.4.2.3(1) 注

——A2.4.4.2.3(2) 注,(3) 注

——A2.4.4.2.4(2) 注,表A2.8 注3

——A2.4.4.2.4(3) 注

——A2.4.4.3.2(6) 注

注:适用于吊车和机器、筒仓和储罐等的条款将在修订国家附件时进行补充。

d)关于使用建筑和构筑物的资料性附录B、C 和D 的指南(见 NA.3.1)。

e)关于使用桥梁的资料性附录B、C 和D 的指南(见 NA.3.2)。

f)适用于建筑和构筑物的非矛盾性补充信息的参考文献(见 NA.4.1)。

g)适用于桥梁的非矛盾性补充信息的参考文献(见 NA.4.2)。Ⓐ₁

NA.2 国家定义参数

NA.2.1 建筑和构筑物的国家定义参数

NA.2.1.1 EN 1990 中 A1.1 的应用范围

表 NA.2.1 提供了针对 EN 1990 表2.1 中设计使用年限的修改值。

Ⓐ₁ **注**:表 NA.2.1 中的设计使用年限的值是参考性的,可针对个别项目规定设计使用年限的备选值。Ⓐ₁

表 NA.2.1 设计使用年限的参考值

设计使用年限类别	设计使用年限参考值(年)	示 例
1	10	临时性结构[a]
2	10~30	可更换的结构部分,例如:龙门式横梁、支座
3	15~25	农用及类似结构
4	50	本表未列举的建筑结构和其他常用结构
5	120	纪念性建筑结构、公路和铁路桥梁,以及其他土木工程结构
[a] 可被拆卸并将重新使用的结构或部分结构,不宜视为临时结构。		

NA.2.2 建筑物的国家定义参数

NA.2.2.1 条款 A.1.2.1(1)

a)能同时存在的所有作用效应在作用组合时宜一起考虑。

b)关于 EN 1990 的 A1.2.1(1)中的注 2,不允许通过国家附件对 A1.2.1(2)和(3)作任何修改。

NA.2.2.2 条款 A.1.2.2

EN 1990 表 A1.1 中符号的值,见表 NA.A1.1。

表 NA.A1.1 针对建筑物系数 ψ 的值

作 用	ψ_0	ψ_1	ψ_2
建筑物的外加荷载种类(参见 EN 1991-1-1):			
种类 A:居民区	0.7	0.5	0.3
种类 B:办公区	0.7	0.5	0.3
种类 C:集会区	0.7	0.7	0.6
种类 D:购物区	0.7	0.7	0.6
种类 E:存储区	1.0	0.9	0.8
种类 F:交通区,车辆重量≤30kN	0.7	0.7	0.6
种类 G:交通区,30kN < 车辆重量≤160kN	0.7	0.5	0.3
种类 H:屋面[a]	0.7	0	0
建筑上的雪荷载(见 EN 1991-1-3):			
— 位于海拔 H>1000m 的场地	0.70	0.50	0.20
— 位于海拔 H≤1000m 的场地	0.50	0.20	0
建筑上的风荷载(见 EN 1991-1-4)	0.5	0.2	0
建筑上的温度作用(非火灾)(见 EN 1991-1-5)	0.6	0.5	0
[a] 还可参见 EN 1991-1-1 的 3.3.2(1)。			

NA.2.2.3 条款 A.1.3

NA.2.2.3.1 表 A1.2(A)中符号 γ 的值

表 A1.2(A)中符号 γ 的值,见表 NA.A1.2(A)。所选的值为:

$\gamma_{G,j,\text{sup}} = 1.10$;

$\gamma_{G,j,\text{inf}} = 0.90$;

$\gamma_{Q,1} = 1.50$,不利时(有利时取 0);

$\gamma_{Q,i} = 1.50$,不利时(有利时取 0)。

注:ψ 的值参见表 A1.1(英国标准)。

表 NA.A1.2(A)　作用的设计值(EQU)(A 组)

持久和短暂设计状况	永久作用		主导可变作用[a]	伴随可变作用	
	不利	有利		主要(如果有)	其他
式(6.10)	$1.10 G_{k,j,\text{sup}}$	$0.90 G_{k,j,\text{inf}}$	$1.5 Q_{k,1}$ (有利时取 0)		$1.5 \psi_{0,i} Q_{k,i}$ (有利时取 0)

[a] 可变作用见表 NA.A1.1。

在静力平衡验算也包含结构构件抗力的情况下,宜基于表 NA.A1.2(A)进行组合验算,并采用下面的一组值,以作为表 NA.A1.2(A)和表 A1.2(B)中两种单独验算的备选方法;

$\gamma_{G,j,\text{sup}} = 1.35$;

$\gamma_{G,j,\text{inf}} = 1.15$;

$\gamma_{Q,1} = 1.50$ 不利时(有利时取 0);

$\gamma_{Q,i} = 1.50$ 不利时(有利时取 0)。

前提是对永久作用的不利部分和有利部分都采用 $\gamma_{G,j,\text{inf}} = 1.00$ 不会得出一个更不利的效应

NA.2.2.3.2 表 A1.2(B)中符号 γ 和 ξ 的值

表 A1.2(B)中符号 γ 和 ξ 的值,见表 NA.A1.2(B)。所选的值为:

$\gamma_{G,j,\text{sup}} = 1.35$;

$\gamma_{G,j,\text{inf}} = 1.00$;

$\gamma_{Q,1} = 1.50$,不利时(有利时取 0);

$\gamma_{Q,i} = 1.50$,不利时(有利时取 0)。

$\xi = 0.925$。

注:ψ 值参见表 NA.A1.1。

NA.2.2.3.3 表 A1.2(C)中符号 γ 的值

表 A1.2(C)中符号 γ 的值,见表 NA.A1.2(C)。所选的值为:

$\gamma_{G,j,\text{sup}} = 1.00$;

$\gamma_{G,j,\text{inf}} = 1.00$;

$\gamma_{Q,1} = 1.30$,不利时(有利时取 0);

表 NA.A1.2(B) 作用的设计值(STR/GEO)(B组)

持久和短暂设计状况	永久作用		主导可变作用	伴随可变作用[a]	
	不利	有利		主要(如果有)	其他
式(6.10)	$1.35G_{k,j,sup}$	$1.00G_{k,j,inf}$	$1.5Q_{k,1}$		$1.5\psi_{0,i}Q_{k,i}$

持久和短暂设计状况	永久作用		主导可变作用	伴随可变作用[a]	
	不利	有利		主要	其他
式(6.10a)	$1.35G_{k,j,sup}$	$1.00G_{k,j,inf}$		$1.5\psi_{0,1}Q_{k,1}$	$1.5\psi_{0,i}Q_{k,i}$
式(6.10b)	$0.925\times 1.35G_{k,j,sup}$	$1.00G_{k,j,inf}$	$1.5Q_{k,1}$		$1.5\psi_{0,i}Q_{k,i}$

注1：可按需要选用式(6.10)，或式(6.10a)与式(6.10b)一起使用。

注2：同一来源的所有永久作用的标准值，在总作用效应不利时乘以 $\gamma_{G,j,sup}$，有利时乘以 $\gamma_{G,j,inf}$。例如，结构自重引起的所有作用可以认为是同一来源（包含不同材料时同样适用）。

注3：对于特殊验算，γ_G 和 γ_Q 的值可细分为 γ_g、γ_q 和模型不确定性系数 γ_{Sd}。γ_{Sd} 取值范围通常情况下为 1.05～1.15，而且在国家附件中可以修改。

注4：当可变作用有利时，Q_k 宜取为0。

[a] 可变作用见表 NA.A1.1

5

$\gamma_{Q,i} = 1.30$,不利时(有利时取 0)。

注:ψ 值参见表 NA. A1.1。

表 NA. A1.2(C)   作用的设计值(STR/GEO)(C 组)

持久和短暂 设计状况	永 久 作 用		主导可变作用[a]	伴随可变作用[a]	
	不利	有利		主要(如果有)	其他
式(6.10)	$1.0G_{k,j,\sup}$	$1.0G_{k,j,\inf}$	$1.3Q_{k,1}$ (有利时取 0)		$1.3\psi_{0,i}Q_{k,i}$ (有利时取 0)
[a] 可变作用见表 NA. A1.1					

NA.2.2.4   条款 A.1.3.1(5)

在英国,建筑物宜使用方法 1 进行设计。

NA.2.2.5   条款 A.1.3.2

EN 1990 表 A1.3 中符号的值,见表 NA. A1.3。所有 γ 系数都等于 1.00。对于偶然设计状况,主要伴随可变作用选择系数 ψ_{11}。

注:ψ 值参见表 NA. A1.1。

表 NA. A1.3   偶然和地震作用组合使用的作用的设计值

设 计 状 况	永 久 作 用		主导偶然作用 或地震作用	伴随可变作用[b]	
	不利	有利		主要(如果有)	其他
偶然 [式(6.11a)或 b)]	$G_{k,j,\sup}$	$G_{k,j,\inf}$	A_d	$\psi_{11}Q_{k,1}$	$\psi_{2,i}Q_{k,i}$
地震[a] [式(6.12a)或 b)]	$G_{k,j,\sup}$	$G_{k,j,\inf}$	$\gamma_I A_{Ek}$ 或 A_{Ed}	$\psi_{2,i}Q_{k,i}$	
[a] 地震设计状况仅在用户指定情况下才使用,还可参见 Eurocode 8。					
[b] 可变作用见表 NA. A1.1					

NA.2.2.6   条款 A1.4.2

EN 1990 中 A1.4.2 规定宜针对每个项目规定正常使用准则,并征得客户同意。当 EN 1992 至 EN 1999 或它们的国家附件中没有具体要求时,建议采用下列作用组合及特定的正常使用要求:

- 对于结构和非结构构件(如隔墙等)的功能和损伤,采用标准组合[即 EN 1990 中的式(6.14b)]。

- 对于人员的舒适性、设备运行、避免积水等,采用频遇组合[即 EN 1990 中的式(6.15b)]。

- 对于结构的外观,采用准永久组合[即 EN 1990 中的式(6.15c)]。

宜分别考虑与外观有关的适用性和可能受到结构变形或振动影响的人员舒适性。

A₁ **NA. 2. 3　桥梁的国家定义参数**

NA. 2. 3. 1　一般规定

[BS EN 1990:2002 + A1:2005, A2. 1. 1(1)注3]

参见 NA. 2. 1. 1。

NA. 2. 3. 2　一般规定

[BS EN 1990:2002 + A1:2005, A2. 2. 1(2)注1]

涉及 BS EN 1991(所有部分)范围以外的作用的组合,可针对个别项目,并遵循 BS EN 1990:2002 + A1:2005 中给出的原则,考虑不同荷载分量同时发生的一般概率确定。

NA. 2. 3. 3　公路桥梁组合规则

[BS EN 1990:2002 + A1:2005, A2. 2. 2]

NA. 2. 3. 3. 1　条款 A2. 2. 2(1)注

不需要使用作用的非频遇组合。

NA. 2. 3. 3. 2　条款 A2. 2. 2(3)注

NA to BS EN 1991-2:2003 给出了正常交通情况下特殊车辆的组合规则。宜使用本英国国家附件中给出的 ψ 和 γ 的系数值。

NA. 2. 3. 3. 3　条款 A2. 2. 2(4)注

在英国通常可以忽略雪荷载,参见 NA to BS EN 1991-3。对于个别项目,特殊情况下可以规定雪荷载与荷载组 gr1a 和 gr1b 的组合规则。

NA. 2. 3. 3. 4　条款 A2. 2. 2(6)注

在英国通常可以忽略风荷载与温度作用的组合。对于个别项目,特殊情况下可以规定风荷载与温度作用的组合规则。

NA. 2. 3. 4　人行桥组合规则

[BS EN 1990:2002 + A1:2005, A2. 2. 3]

NA. 2. 3. 4. 1　条款 A2. 2. 3(2)注

在英国通常可以忽略风荷载与温度作用的组合。对于个别项目,特殊情况下,可以规定风荷载与温度作用的组合规则。

NA. 2. 3. 4. 2　条款 A2. 2. 3(3)注

在英国通常可以忽略雪荷载,参见 NA to BS EN 1991-1-3,带有顶棚的人行桥除外。

在包括雪荷载的荷载组合中,宜采用荷载组 gr1 和 gr2,且任何荷载分量都不进行折减。

在其他特殊情况下,作用组合中雪荷载必须与荷载组 gr1 和 gr2 进行组合时,可针对个别项目规定。

NA.2.3.4.3 条款 A2.2.3(4)注

对于为行人和自行车交通提供了完全防护,防止各种类型恶劣天气影响的人行桥,必要时可针对个别项目规定其特定的作用组合。

NA.2.3.5 铁路桥梁组合规则

[BS EN 1990:2002 + A1:2005,A2.2.4]

NA.2.3.5.1 条款 A2.2.4(1)注

在英国通常可以忽略雪荷载,参见 NA to BS EN 1991-1-3。特殊情况下(例如带有顶棚的铁路桥梁),作用组合中雪荷载必须与铁路交通组合时,可针对个别项目规定。

NA.2.3.5.2 条款 A2.2.4(4)注

NA to BS EN 1991-1-4 给出了最大峰值速度压力 $q_p(z)$ 的限值,$q_p(z)$ 从确定 F_W^{**} 时与铁路交通相协调的最大风速限值中得到。

NA.2.3.6 系数 ψ 的值

[BS EN 1990:2002 + A1:2005,A2.2.6]

NA.2.3.6.1 条款 A2.2.6(1)注 1

表 NA.A2.1 给出了公路桥梁系数 ψ 的建议值,用来替代 BS EN 1990:2002 + A1:2005 的表 A2.1。

表 NA.A2.1 公路桥梁系数 ψ 的建议值

作用	荷载组	荷载分量	ψ_0	ψ_1	ψ_2
交通荷载	gr1a[a]	TS	0.75	0.75	0
		UDL	0.75	0.75	0
		人行道和自行车道荷载	0.40	0.40	0
	gr1b[a]	单轴	0	0.75	0
	gr2	水平力	0	0	0
	gr3	行人荷载	0	0.40	0
	gr4	人群荷载	0	—[b]	0
	gr5	来自 SV 和 SOV 车辆的竖向力	0	—[b]	0
	gr6	来自 SV 和 SOV 车辆的水平力	0	0	0
风荷载	F_{Wk}	持久设计状况	0.50	0.20	0
		施工期间	0.80	—	0
	F_W^*	施工期间	1.0	—	0

表 NA.A2.1 （续）

作用	荷载组	荷载分量	ψ_0	ψ_1	ψ_2
温度作用	T_k		0.60	0.60	0.50
雪荷载	$Q_{Sn,k}$		0.80	—	—
施工荷载	Q_c		1.0	—	1.0

[a] 对于公路交通,给出了 gr1a 和 gr1b 的 ψ_0、ψ_1 和 ψ_2 的建议值,其与 NA to BS EN 1991-2:2003 中定义的调整系数 α_{Qi}、α_{qi}、α_{qr} 和 β_Q 相对应。

[b] 根据 BS EN 1991-2:2003 中 4.5.2,不需要考虑荷载组 gr4 和 gr5 的频遇值。

注:对于一组荷载规定的系数 ψ_0,适用于该组的所有作用分量,gr1a 除外(其中针对各分量单独规定了系数 ψ_0)。系数 ψ_1 和 ψ_2 对于荷载的各分量都适用,在分量发生的所有荷载组中,给定分量的系数值都相同

表 NA.A2.2 给出了人行桥系数 ψ 的建议值,用来替代 BS EN 1990:2002 + A1:2005 的表 A2.2。

表 NA.A2.2 针对人行桥系数 ψ 的建议值

作用	符号	ψ_0	ψ_1	ψ_2
交通荷载	gr1	0.40	0.40	0
	Q_{fwk}	0	0	0
	gr2	0	0	0
风荷载	F_{Wk}	0.3	0.2	0
温度作用	T_k	0.60	0.60	0.50
雪荷载	$Q_{Sn,k}$(施工期间)	0.80	—	0
施工荷载	Q_c	1.0	—	1.0

铁路桥梁系数 ψ 的建议值宜使用 BS EN 1990:2002 + A1:2005 的表 A2.3。

NA.2.3.6.2 条款 A.2.2.6(1)注 2

不宜考虑 BS EN 1990:2002 + A1:2005 的 4.1.3 注 2 中定义的作用非频遇值。

NA.2.3.6.3 条款 A.2.2.6(1)注 3

必要时,水力作用 F_{wa} 的代表值宜针对个别项目规定。

NA.2.3.7 承载能力极限状态——持久和短暂设计状况的作用设计值

[BS EN 1990:2002 + A1:2005,A2.3.1]

NA.2.3.7.1 条款 A.2.3.1(1)

对于桥梁设计,作用的组合宜基于式(6.10)。表 NA.A2.4(A)、表 NA.A2.4(B)和表 NA.A2.4(C)给出了持久和短暂设计状况的作用设计值,用来替代 BS EN 1990:2002 + A1:2005 中表 A2.4(A)、表 A2.4(B)和表 A2.4(C)。

NA.2.3.7.2 条款 A.2.3.1(5)

对于涉及土工作用和地基承载力的结构构件的设计,宜使用方法 1。

NA.2.3.7.3　条款 A.2.3.1(7)

在英国通常可忽略冰压力对桥墩产生的作用。特殊情况下需要考虑该力时，可针对个别项目规定。

NA.2.3.7.4　条款 A.2.3.1(8)

在相关的 Eurocodes 中没有提供预应力作用的 γ_P 值的情况下，这些值宜针对个别项目规定。

表 NA.A2.4(A)　作用的设计值(EQU)(A 组)

持久和短暂设计状况	永久作用		预应力	主导可变作用	伴随可变作用	
	不利	有利			主要(如果有)	其他
式(6.10)	$\gamma_{G,j,sup}G_{k,j,sup}$	$\gamma_{G,j,inf}G_{k,j,inf}$	$\gamma_P P$	$\gamma_{Q,1}Q_{k,1}$		$\gamma_{Q,i}\psi_{0,i}Q_{k,i}$

注1:对于**持久**设计状况, γ 的建议值如下:

永久作用(必要时宜根据下列分量的贡献进行组合):

混凝土自重	$\gamma_{G,sup}=1.05$	$\gamma_{G,inf}=0.95$
钢自重	$\gamma_{G,sup}=1.05$	$\gamma_{G,inf}=0.95$
附加恒载	$\gamma_{G,sup}=1.05$	$\gamma_{G,inf}=0.95$
道路铺面	$\gamma_{G,sup}=1.05$	$\gamma_{G,inf}=0.95$
道砟	$\gamma_{G,sup}=1.05$	$\gamma_{G,inf}=0.95$
土自重	$\gamma_{G,sup}=1.05$	$\gamma_{G,inf}=0.95$
BS EN 1991-1-1:2002 中表 A.1～表 A.6 列出的其他材料自重	$\gamma_{G,sup}=1.05$	$\gamma_{G,inf}=0.95$
预应力	γ_P 在相关 Eurocodes 中定义或针对个别项目规定	

可变作用:

公路交通荷载(gr1a, gr1b, gr2, gr5, gr6)	$\gamma_Q=1.35$(有利时取0)
行人荷载(gr3,gr4)	$\gamma_Q=1.35$(有利时取0)
铁路交通荷载(LM71,SW/0,HSLM)	$\gamma_Q=1.45$(有利时取0)
铁路交通荷载(SW/2 以及代表受控异常交通的其他荷载模型)	$\gamma_Q=1.40$(有利时取0)
铁路交通荷载(实车)	$\gamma_Q=1.70$(有利时取0)
风荷载(参见注5)	$\gamma_Q=1.70$(有利时取0)
温度作用(参见注6)	$\gamma_Q=1.55$(有利时取0)

注2:水的自重、地下水压力以及其他取决于水位的作用,本国家附件没有规定分项系数。这些作用的设计值可按照 BS EN 1997-1:2004 的 2.4.6.1(2)P 和 2.4.6.1(6)P 直接进行估算。或者按 BS EN 1997-1:2004 的 2.4.6.1(8)对标准水位给定一个安全裕度。这类作用的分项系数可针对个别项目规定[参见 BS EN 1997-1:2004 的 2.4.7.3.2(2)]。

注3:土压力的设计值宜基于产生土压力的作用的设计值。有些情况下,计算水平土压力时需要补充模型系数[参见 NA to BS EN 1997-1:2004]。

注4:对于注1至注3中没有涵盖的所有其他作用,宜针对个别项目规定分项系数。

注5:对于设计使用年限为 120 年,确定了 γ_Q 的指定值,该值用于 BS EN 1991-1-4:2005 中相应于 50 年平均重现期的风荷载的标准值。如果直接采用 BS EN 1991-1-4:2005 的 4.2(2)考虑相关设计状况的持续时间,那么对于不利作用可采用折减值 $\gamma_Q=1.55$。对于持久设计状况,可以通过调整平均重现期等于设计使用年限(但不小于50年)的风速来考虑设计状况的持续时间。对于短暂设计状况,还可参见 BS EN 1991-1-6:2005 的 3.1(5)

表 NA. A2.4(A) (续)

注6：对于设计使用年限为 120 年,确定 γ_Q 的指定值,该值用于 BS EN 1991-1-5:2003 中相应于 50 年平均重现期的温度作用的标准值。如果直接采用 BS EN 1991-1-5:2003 的 A.2 考虑相关设计状况的持续时间,那么对于不利作用可采用折减值 $\gamma_Q = 1.45$。对于持久设计状况,可以通过调整平均重现期等于设计使用年限(但不小于 50 年)的遮阳气温来考虑设计状况的持续时间。对于短暂设计状况,可参见 BS EN 1991-1-6:2005 的 3.1(5)。

注7：对于涉及桥梁上风的气动效应的作用分项系数,宜针对个别项目规定。关于该系数的指南可参考 PD 6688-1-4。

注8：所有不利永久作用的标准值都乘以 $\gamma_{G,sup}$；所有有利永久作用的标准值都乘以 $\gamma_{G,inf}$,无论它们是否来自于单一作用源,参见 BS EN 1990:2002 + A1:2005 的 6.4.3.1(4),还可参见 BS EN 1990:2002 + A1:2005 的 A.2.3.1(2)。对于涉及埋置式结构的设计状况,如果其稳定性对结构与土之间的相互作用高度敏感,则 $\gamma_{G,sup}$ 宜用于不利永久作用效应,而 $\gamma_{G,inf}$ 宜用于有利永久作用效应。

注9：对于连续桥梁支座隆起的验算,或者静力平衡验算,还涉及结构构件或者地基承载力的情况,γ 值可针对个别项目规定,作为表 NA. A2.4(A)~NA. A2.4(C)中独立验算的备选,还可参见 BS EN 1990:2002 + A1:2005 的 6.4.3.1(4)。

注10：对于失去静力平衡的短暂设计状况,$Q_{k,1}$ 代表主导不平衡可变作用,$Q_{k,i}$ 代表相关的伴随不平衡可变作用。

在施工期间,如果施工过程得到足够的控制,则可采用上述持久设计状况的 γ 建议值,但下列例外情况除外:

(A)对于使用配重的情况,其标准值的变异性可采用下列一种或两种规则考虑:

—当配重不明确时(如水箱),使用分项系数 $\gamma_{G,inf} = 0.8$；

—当配重明确时,考虑其位置可能发生的变化,用一个值说明它相对于桥梁尺寸的比例关系。对于架设期间的钢桥,通常将配重位置的变化取为 ±1m。

(B)如果失去平衡可能导致多人死亡(例如,跨越铁路或公路的桥梁),影响稳定性的永久作用的分项系数($\gamma_{G,sup}$ 和 $\gamma_{G,inf}$)宜分别增加到 1.15 和减小到 0.85。

表 NA. A2.4(B) 作用的设计值(STR/GEO)(B 组)

持久和短暂设计状况	永久作用		预应力	主导可变作用	伴随可变作用	
	不利	有利			主要	其他
式(6.10)	$\gamma_{G,j,sup}G_{k,j,sup}$	$\gamma_{G,j,inf}G_{k,j,inf}$	$\gamma_P P$	$\gamma_{Q,1}Q_{k,1}$		$\gamma_{Q,i}\psi_{0,i}Q_{k,i}$

注1：对于**持久**设计状况,γ 的建议值如下:

永久作用(必要时宜根据下列分量的贡献进行组合):

混凝土自重	$\gamma_{G,sup} = 1.35$	$\gamma_{G,inf} = 0.95$
钢自重	$\gamma_{G,sup} = 1.20$	$\gamma_{G,inf} = 0.95$
附加恒载	$\gamma_{G,sup} = 1.20$	$\gamma_{G,inf} = 0.95$
道路铺面	$\gamma_{G,sup} = 1.20$	$\gamma_{G,inf} = 0.95$
道砟	$\gamma_{G,sup} = 1.35$	$\gamma_{G,inf} = 0.95$
土自重	$\gamma_{G,sup} = 1.35$	$\gamma_{G,inf} = 0.95$

BS EN 1991-1-1:2002 表 A.1-A.6

列出的其他材料自重	$\gamma_{G,sup} = 1.35$	$\gamma_{G,inf} = 0.95$
沉降(线性结构分析)	$\gamma_{G,sup} = 1.20$	$\gamma_{G,inf} = 0.00$
沉降(非线性结构分析)	$\gamma_{G,sup} = 1.35$	$\gamma_{G,inf} = 0.00$
预应力	γ_P 在相关设计 Eurocode 中定义或针对个别项目规定	

表 NA. A2.4（B） （续）

可变作用：

公路交通荷载(gr1a,gr1b,gr2,gr5,gr6)	$\gamma_Q = 1.35$(有利时取 0)
行人荷载(gr3,gr4)	$\gamma_Q = 1.35$(有利时取 0)
铁路交通荷载(LM71,SW/0,HSLM)	$\gamma_Q = 1.45$(有利时取 0)
铁路交通荷载(SW/2 以及代表受控异常交通的其他荷载模型)	$\gamma_Q = 1.40$(有利时取 0)
铁路交通荷载(实车)	$\gamma_Q = 1.70$(有利时取 0)
风荷载(参见注 5)	$\gamma_Q = 1.70$(有利时取 0)
温度荷载(参见注 6)	$\gamma_Q = 1.55$(有利时取 0)

注 2:水的自重、地下水压力以及其他取决于水位的作用,本国家附件没有规定分项系数。这些作用的设计值可按照 BS EN 1997-1:2004 的 2.4.6.1(2)P 和 2.4.6.1(6)P 直接进行估算。或者按 BS EN 1997-1:2004 的 2.4.6.1(8)对标准水位给定一个安全裕度。这类作用的分项系数可针对个别项目规定,参见 BS EN 1997-1:2004 的 2.4.7.3.2(2)。

注 3:土压力的设计值宜基于产生土压力的作用的设计值。有些情况下,计算水平土压力时需要补充模型系数(参见 NA to BS EN 1997-1:2004)。

注 4:对于注 1 至注 3 中没有涵盖的所有其他作用,分项系数可针对个别项目规定。

注 5:对于设计使用年限为 120 年,确定了 γ_Q 的指定值,该值用于 BS EN 1991-1-4:2005 中相应于 50 年平均重现期的风荷载的标准值。如果直接采用 BS EN 1991-1-4:2005 的 4.2(2)考虑相关设计状况的持续时间,那么对于不利作用可采用折减值 $\gamma_Q = 1.55$。对于持久设计状况,可以通过调整平均重现期等于设计使用年限(但不小于 50 年)的风速来考虑设计状况的持续时间。对于短暂设计状况,还可参见 BS EN 1991-1-6:2005 中 3.1(5)。

注 6:对于设计使用年限为 120 年,确定了 γ_Q 的指定值,该值用于 BS EN 1991-1-5:2003 中相应于 50 年平均重现期的温度作用的标准值。如果直接采用 BS EN 1991-1-5:2003 的 A.2 考虑相关设计状况的持续时间,那么对于不利作用可采用折减值 $\gamma_Q = 1.45$。对于持久设计状况,可以通过调整平均重现期等于设计使用年限(但不小于 50 年)的遮阳气温来考虑设计状况的持续时间。对于短暂设计状况,可参见 BS EN 1991-1-6:2005 的 3.1(5)。

注 7:对于涉及桥梁上风的气动效应的作用分项系数,宜针对个别项目规定。关于该系数的指南可参见 PD 6688-1-4。

注 8:对于来自同一作用源的所有永久作用,如果其总的作用效应是不利的,则其标准值可乘以 $\gamma_{G,sup}$;如果其总的作用效应是有利的,则其标准值可乘以 $\gamma_{G,inf}$。然而,如果验算对不同位置的永久作用的大小变化非常敏感,并且还涉及结构构件或地基的承载力,可参见 NA. A2.4(A)注 9。还可参见 BS EN 1990:2002＋A1:2005 的 6.4.3.1(4)和 A2.3.1(2)。

注 9:对于特定的验算,γ_G 和 γ_Q 的值可以细分为 γ_g 和 γ_q 以及模型不确定性系数 γ_{Sd}。对于个别项目,除非另有规定,可使用 $\gamma_{Sd} = 1.15$。

表 NA. A2.4（C） **作用的设计值(STR/GEO)(C 组)**

持久和短暂设计状况	永 久 作 用		预应力	主导可变作用	伴随可变作用	
	不利	有利			主要(如果有)	其他
式(6.10)	$\gamma_{G,j,sup} G_{k,j,sup}$	$\gamma_{G,j,inf} G_{k,j,inf}$	$\gamma_P P$	$\gamma_{Q,1} Q_{k,1}$		$\gamma_{Q,i} \psi_{0,i} Q_{k,i}$

注 1:对于**持久设计状况**,γ 的建议值如下:
永久作用(必要时宜根据下列分量的贡献进行组合)

混凝土自重	$\gamma_{G,sup} = 1.00$	$\gamma_{G,inf} = 1.00$
钢自重	$\gamma_{G,sup} = 1.00$	$\gamma_{G,inf} = 1.00$
附加恒载	$\gamma_{G,sup} = 1.00$	$\gamma_{G,inf} = 1.00$

表 NA.A2.4(C) (续)

道路铺面	$\gamma_{G,sup} = 1.00$	$\gamma_{G,inf} = 1.00$
道砟	$\gamma_{G,sup} = 1.00$	$\gamma_{G,inf} = 1.00$
土自重	$\gamma_{G,sup} = 1.00$	$\gamma_{G,inf} = 1.00$
BS EN 1991-1-1:2002 表 A.1-A.6 列出的其他材料自重	$\gamma_{G,sup} = 1.00$	$\gamma_{G,inf} = 1.00$
沉降(线性结构分析)	$\gamma_{G,set,sup} = 1.00$	$\gamma_{G,set,inf} = 0.00$
沉降(非线性结构分析)	$\gamma_{G,set,sup} = 1.00$	$\gamma_{G,set,inf} = 0.00$
预应力	γ_P 在相关设计 Eurocode 中定义或针对个别项目规定	

可变作用:

公路交通荷载(gr1a,gr1b,gr2,gr5,gr6)	$\gamma_Q = 1.15$(有利时取 0)
行人荷载(gr3,gr4)	$\gamma_Q = 1.15$(有利时取 0)
铁路交通荷载(LM71,SW/0,HSLM)	$\gamma_Q = 1.25$(有利时取 0)
铁路交通荷载(SW/2 以及代表受控异常交通的其他荷载模型)	$\gamma_Q = 1.20$(有利时取 0)
铁路交通荷载(实车)	$\gamma_Q = 1.45$(有利时取 0)
风荷载(参见注 5)	$\gamma_Q = 1.45$(有利时取 0)
温度荷载(参见注 6)	$\gamma_Q = 1.30$(有利时取 0)

注 2:水的自重、地下水压力以及其他取决于水位的作用,本国家附件没有规定分项系数。这些作用的设计值可按照 BS EN 1997-1:2004 的 2.4.6.1(2)P 和 2.4.6.1(6)P 直接进行估算。或者按 BS EN 1997-1:2004 的 2.4.6.1(8)对标准水位给定一个安全裕度。这类作用的分项系数可针对个别项目确定,并与相关责任方达成一致,参见 BS EN 1997-1:2004 的 2.4.7.3.2(2)。

注 3:土压力的设计值宜基于产生土压力的作用的设计值。有些情况下,计算水平土压力时需要补充模型系数,参见 NA to BS EN 1997-1:2004。

注 4:对于注 1 至注 3 中没有涵盖的所有其他作用,分项系数宜针对个别项目规定。

注 5:对于设计使用年限为 120 年,确定了 γ_Q 的指定值,该值用于 BS EN 1991-1-4:2005 中相应于 50 年平均重现期的风作用的标准值。如果直接采用 BS EN 1991-1-4:2005 的 4.2(2)考虑相关设计状况的持续时间,那么对于不利作用可采用折减值 $\gamma_Q = 1.55$。对于持久设计状况,可以通过调整平均重现期等于设计使用年限(但不小于 50 年)的风速来考虑设计状况的持续时间。对于短暂设计状况,还可参见 BS EN 1991-1-6:2005 的 3.1(5)。

注 6:对于设计使用年限为 120 年,确定了 γ_Q 的指定值,该值用于 BS EN 1991-1-5:2003 中相应于 50 年平均重现期的温度作用的标准值。如果直接采用 BS EN 1991-1-5:2003 的 A.2 考虑相关设计状况的持续时间,那么对于不利作用可采用折减值 $\gamma_Q = 1.45$。对于持久设计状况,可以通过调整平均重现期等于设计使用年限(但不小于 50 年)的遮阳气温来考虑设计状况的持续时间。对于短暂设计状况,还可参见 BS EN 1991-1-6:2005 的 3.1(5)。

注 7:对于涉及桥梁上风的气动效应的作用分项系数,宜针对个别项目规定。关于该系数的指南可参见 PD 6688-1-4。

注 8:对于来自同一作用源的所有永久作用,如果其总的作用效应是不利的,则其标准值可乘以 $\gamma_{G,sup}$;如果其总的作用效应是有利的,则其标准值可乘以 $\gamma_{G,inf}$。然而,如果验算对不同位置的永久作用的大小变化非常敏感,并且还涉及结构构件或地基的承载力,参见 NA.A2.4(A)注 9。还可参见 BS EN 1990:2002 + A1:2005 的 6.4.3.1(4)和 A2.3.1(2)。

注 9:对于特定的验算,γ_Q 的值可以细分为 γ_q 和模型不确定性系数 γ_{Sd}。对于个别项目,宜在 1.05 ~ 1.15 之间确定 γ_{Sd} 的值。

NA.2.3.8 偶然和地震设计状况的作用设计值

[BS EN 1990:2002 + A1:2005，A2.3.2(1)，表 A2.5]

在使用表 NA.A2.5 中的作用设计值时,所有的分项系数都宜取 1.0。必要时,系数 ψ 的值宜从表 NA.A2.1、表 NA.A2.2 或 BS EN 1990:2002 + A1:2005 的表 A.2.3 中取用。

表 NA.A2.5 用于偶然和地震作用组合的作用设计值

设 计 状 况	永 久 作 用		预应力	偶然或地震作用	伴随可变作用	
	不利	有利			主要(如果有)	其他
偶然 A) [BS EN 1990(A1):2005,式(6.11a 或 b)]	$G_{k,j,sup}$	$G_{k,j,inf}$	P	A_d	$\psi_{1,1}Q_{k,1}$	$\psi_{2,i}Q_{k,i}$
地震 B) [BS EN 1990(A1):2005,式(6.12a 或 b)]	$G_{k,j,sup}$	$G_{k,j,inf}$	P	$A_{Ed} = \gamma_I A_{Ek}$	$\psi_{2,i}Q_{k,i}$	

A) 在偶然设计状况下,主要可变作用可采用其频遇值,组合系数 ψ_1 可视情况在表 NA.A2.1、表 NA.A2.2 或表 A2.3 中取值。

B) 地震设计状况宜只在规定个别项目时使用(见 BS EN 1998)。

NA.2.3.9 正常使用和其他特定极限状态——一般规定

[BS EN 1990:2002 + A1:2005，A2.4.1]

NA.2.3.9.1 条款 A2.4.1(1)注 1

对于正常使用极限状态,所有的分项系数 γ 都宜取 1.0,并宜使用 BS EN 1990:2002 + A1:2005 表 A2.6 中给出的作用设计值。

NA.2.3.9.2 条款 A2.4.1(1)注 2

不需要考虑 BS EN 1990:2002 + A1:2005 的 4.1.3 注 2 中定义的作用非频遇值。

NA.2.3.9.3 条款 A2.4.1(2)注

必要时,正常使用要求和准则可针对个别项目规定。

NA.2.3.10 行人舒适性准则(对于正常使用极限状态)

[BS EN 1990:2002 + A1:2005，A2.4.3.2(1)]

行人舒适性准则见 NA to BS EN 1991-2:2003 中 NA.2.44。

NA.2.3.11 铁路桥梁变形和振动的验算

[BS EN 1990:2002 + A1:2005，A2.4.4]

NA2.3.11.1 条款 A2.4.4.1(1)注 3——一般规定

对于临时桥梁变形和振动(频率和加速度)的限值宜针对个别项目规定。

NA2.3.11.2　条款 A2.4.4.2.1(4)注——交通安全准则——桥面板竖向加速度

桥面板加速度最大峰值及相应频率限值宜针对个别项目规定。

NA.2.3.11.3　条款 A2.4.4.2.2(2)注——交通安全准则——桥面板扭曲

任何轨距的轨道其最大扭曲值(t)宜针对个别项目规定。

NA.2.3.11.4　条款 A2.4.4.2.2(3)注——交通安全准则——桥面板扭曲

宜采用总的轨道扭曲建议值 t_T。

NA.2.3.11.5　条款 A2.4.4.2.3(1)注——交通安全准则——桥面板竖向变形

对于有砟轨道和无砟轨道桥梁,限制竖向变形的附加要求可针对个别项目规定。

NA.2.3.11.6　条款 A2.4.4.2.3(2)注——交通安全准则——桥面板竖向变形

无砟轨道桥梁桥面板端部转动的限值宜针对个别项目规定。

NA.2.3.11.7　条款 A2.4.4.2.3(3)注——交通安全准则——桥面板竖向变形

伸缩装置、道岔、交叉口附近桥面板端部角位移的附加限值可针对个别项目规定。

NA.2.3.11.8　条款 A2.4.4.2.4(2)注——交通安全准则——桥面板横向挠度

桥面板顶部最大横向挠度差宜与 BS EN 1990:2002＋A1:2005 表 A2.8 中给出的最大水平转动和最大曲率半径变化的限值相协调。

NA.2.3.11.9　条款 A2.4.4.2.4(2)表 A2.8 注 3——最大水平转动和最大曲率半径变化

宜采用建议值。

NA.2.3.11.10　条款 A2.4.4.2.4(3)注——侧向振动的一阶自振频率

侧向振动的一阶自振频率值宜针对个别项目规定。

NA.2.3.11.11　条款 A2.4.4.3.2(6)注——乘客舒适性最大竖向挠度限值——验算乘客舒适性的挠度准则

乘客舒适性的要求宜针对个别项目规定。［A₁］

NA.3　关于使用资料性附录 B、C 和 D 的指南

NA.3.1　关于建筑的规定

NA.3.1.1　附录 B

可以使用附录 B。如果使用,宜符合 EN 1990 附录 C 所述的完整的基于可靠

度的方法。

附录 B 提供了与许多假定(参见 EN 1990 1.3)有关的资料性指导,特别是在设计、详图以及施工期间的质量管理和控制措施方面,旨在消除由于过失误差引起的失效,并达到设计中假定的抗力。

为此,建议使用该附录的条款 B4 和 B5。

NA.3.1.2 附录 C

附录 C 可用于校准,以及说明对于 EN 1991 没有涵盖的作用情况。

NA.3.1.3 附录 D

可以使用附录 D。

Ⓐ₁注:有条件时,对于起重机和机器、筒仓和储罐、塔和桅杆等结构,将给出使用附录 B、C 和 D 的指导。Ⓐ₁

Ⓐ₁ NA.3.2 关于桥梁的规定

NA.3.2.1 附录 B

必要时可以使用附录 B,但需要进行下列修正:

参照附录 B 的 B3,桥梁通常宜视为中等后果的结构(后果等级为 2)。针对个别项目可考虑低一级或高一级后果的设计。

在没有具体项目要求的情况下,采用概率设计方法时,可使用表 B2 中给出的可靠指标的最小值(参见本国家附件的 NA.3.2.2)。

NA.3.2.2 附录 C

关于 BS EN 1990:2002 + A1:2005 的 3.5(5),可以考虑针对个别项目采用基于概率方法的设计。当采用概率设计方法时,可酌情使用附录 C,但需要进行下列修正:

附录 C 的 C7 宜只在本国家附件中没有明确涵盖的情况下推导设计值时采用。

NA.3.2.3 附录 D

必要时可以使用附录 D。Ⓐ₁

NA.4 非矛盾性补充信息(NCCI)的参考文献

NA.4.1 关于建筑的规定

无。

Ⓐ₁注:有条件时,对于起重机和机器、筒仓和储罐、塔和桅杆等结构给出非矛盾性补充信息的参考文献。

NA.4.2 关于桥梁的规定

PD 6704, *Guidance on the design of structures to the UK National Annex to BS EN 1990*[1].

PD 6688-1-4, *Background information to the UK National Annex to BS EN 1991-1-4 and additional guidance*[1].

PD 6698, *Recommendations for the design of structures for earthquake resistance to BS EN 1998*[1].

---

[1] 编制中。

参 考 文 献

BS EN 1991 (all parts), *Eurocode 1:Actions on structures.*

BS EN 1997-1:2004, *Eurocode 7:Geotechnical design-Part 1:General rules.*

NA to BS EN 1991-1-1:2002, *UK National Annex to Eurocode 1: Actions on structures-Part 1-1: Generalactions-Densities, self-weight, imposed loads for buildings.*

NA to BS EN 1991-1-3, *UK National Annex to Eurocode 1:Actions on structures-Part 1-3: General actions-Snow loads.*

NA to BS EN 1991-1-4:2005, *UK National Annex to Eurocode 1: Actions on structures-Part 1-4: Generalactions-Wind actions.*

NA to BS EN 1991-1-5:2003, *UK National Annex to Eurocode 1: Actions on structures-Part 1-5:Generalactions-Thermal actions.*

NA to BS EN 1991-1-6:2005, *UK National Annex to Eurocode 1: Actions on structures-Part 1-6:Generalactions-Actions during execution.*

NA to BS EN 1991-2:2003, *UK National Annex to Eurocode 1: Actions on structures-Part 2:Traffic loads on bridges.*

NA to BS EN 1997-1:2004, *UK National Annex to Eurocode 7: Geotechnical design-Part 1: General rules.* $\boxed{A_1}$